知遊ブックス ❸

方陣を埋めよ！

新作パズル集

山本 浩

知遊ブックス ❸

新作パズル集 方陣を埋めよ！

目次

- 4 ナンバーボックス
- 20 ジャンピングナンバー
- 36 数字のじゅうたん
- 52 ルームメイトパズル
- 68 むすんでループ
- 84 スタークルーズパズル

解答
- 100 ナンバーボックス
- 102 ジャンピングナンバー
- 104 数字のじゅうたん
- 106 ルームメイトパズル
- 108 むすんでループ
- 110 スタークルーズパズル

ナンバーボックス

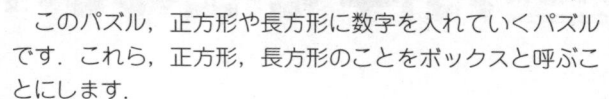

ルール解説

このパズル，正方形や長方形に数字を入れていくパズルです．これら，正方形，長方形のことをボックスと呼ぶことにします．

ルールのポイント

[6×6の場合]

① 同じ形のボックスが4個あるので，これらに1から4の数字を一つずつ入れる．
② ボックスどうしが辺で隣り合っているとき，同じ数字をいれてはいけない．ただし，頂点で接している場合はかまわない．
③ 同じ種類のボックスが辺や辺の一部で接しているとき，差が1の数を入れることはできない．

Q1からQ6の問題は，6×6のマスからできています．Q7からQ14は7×7のマスからできています．同じ形のボックスが6個あるので，1から6の数字を入れてください．

ナンバーボックス

では例題をやってみてください

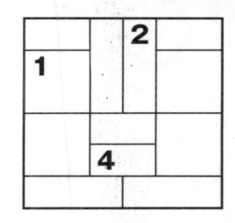

		2	
1			
		4	

		2	
1			B
A		D	C
		4	

では例題を使って解き方を説明します．まず正方形のボックスの配置について調べます．4個のボックスが2ヶ所に分かれ，2個ずつが辺で接しています．このような場合，一方には1と3が入り他方には2と4が入ります．このことからAは3だと分かります．続いてBは2と接しているのでBが4，Cが2だと決まります．大きい長方形のボックスについても同じように考えてください．次に小さい長方形の配置を調べます．4個のボックスが3ヶ所に分かれていて，2個だけが辺で接しています．このようなときは今までとは異なり2と4が組になるとは限りません．すでに入っている数を考慮すると，Dには2や3は入らないので1だと分かります．残りの2ヶ所も同じ数が接しないように気をつければ入る数が決まります．

このようにボックスの配置を調べることで入る数が限られてきます．これがうまく解くためのコツです．

Answer

2		4	2	3
1				4
3		1		2
		4		
1			3	

5

Question 1

難易度 ☆
目標時間

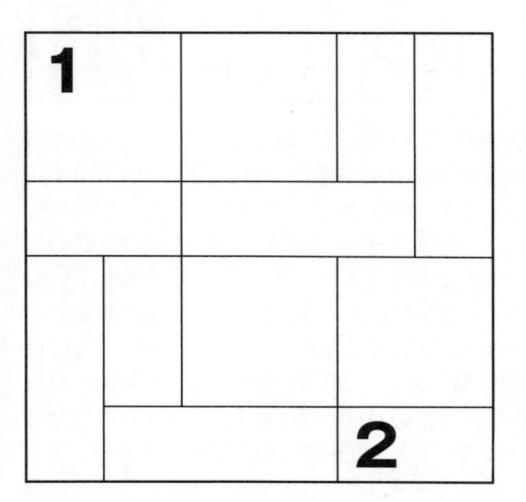

1			
		2	

※Q1～Q12のヒントは次々ページに、Q13、Q14のヒントはQ1、Q2の問題が載っているページにあります。

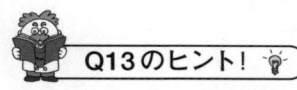

Q13のヒント！

同形のボックス3個がどの2つも接している部分に注目．

ナンバーボックス

Question 2

難易度 ☆
目標時間

4		
		1

Q14のヒント！

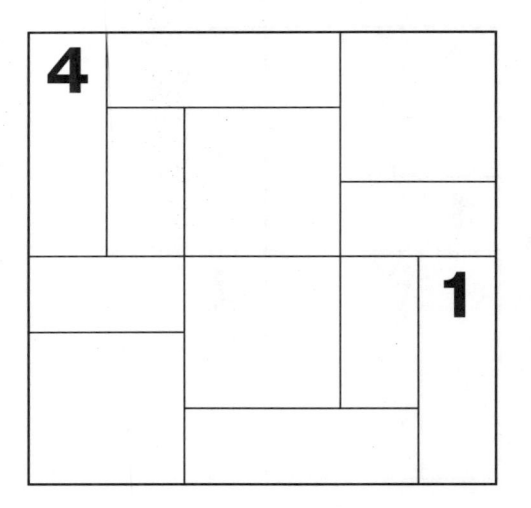

「この数字がどこに入ってもこのボックスと接するので…」という部分に注目．

Question 3

難易度 ☆
目標時間

1			
		4	

Q1のヒント！

例題と同じく，2×2のボックスが2つずつペアになっているところがポイントです．

Question 4

難易度 ☆☆
目標時間

	1		
			3

Q2のヒント！

2×2のボックスが4つつながっているところは一気に決まります．

Question 5

難易度 ☆☆
目標時間

1		

Q3のヒント！

解き方は今までと同じです．

ナンバーボックス

Question 6

難易度 ☆☆☆
目標時間

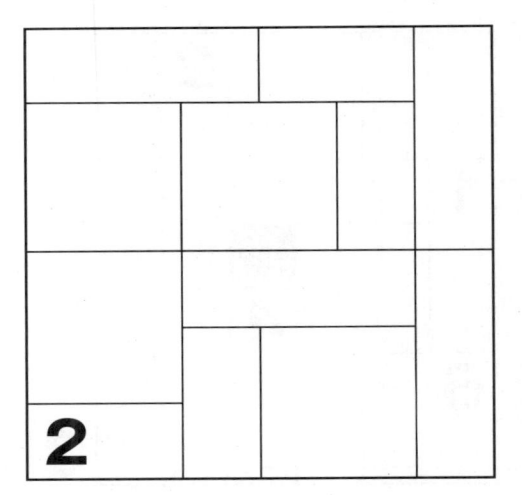

2			

Q4のヒント！ 💡

1×3が結構くっついています．

Question 7

難易度 ☆☆
目標時間

		2			
1					
		■			
		4			
6					
					3

Q5のヒント！ 💡

「この2つのボックスには順不同でこの2つの数字が入る」という部分は印をつけておくと便利です．

ナンバーボックス

Question 8

難易度 ☆☆
目標時間

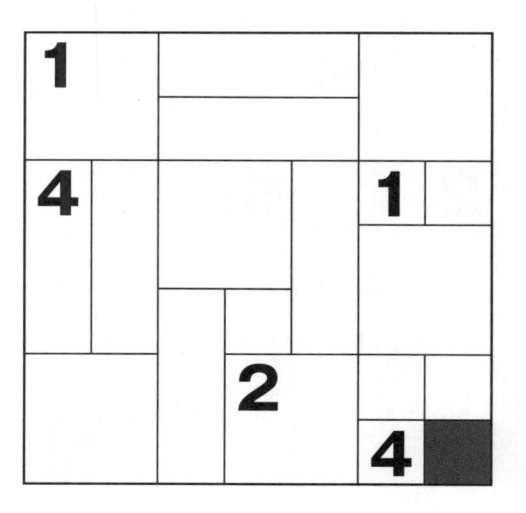

1				
4			1	
		2		
			4	■

Q6のヒント！

上から4列目の1×3のボックスに「数字が入れる」ためには…？

Question 9

難易度 ☆☆
目標時間

	4		
2		6	
	5		6

Q7のヒント！

サイズが大きくなりましたが，やることは同じです．

ナンバーボックス

Question 10

難易度 ☆☆☆
目標時間

			3
		5	**1**
5			
	3		

Q8のヒント！

同じサイズのブロックが3つつながっている部分は，「どの数字が真ん中に来られるか」考えるとよいでしょう．

Question 11

難易度 ☆☆☆
目標時間

		1		
			2	
1				
		2		■

Q9のヒント！

注意深く見ていけば，悩むところはないでしょう．

ナンバーボックス

Question 12

難易度 ☆☆☆
目標時間

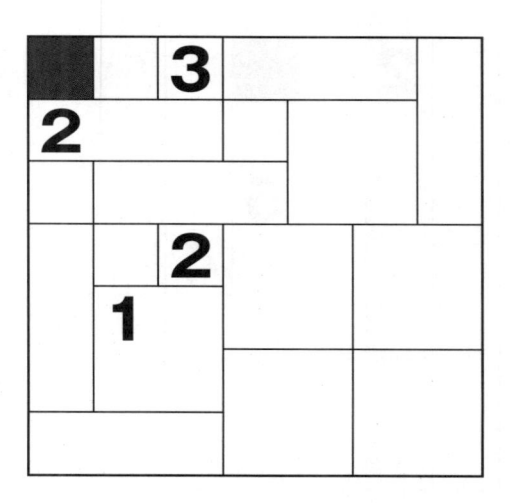

Q10のヒント！

中央の縦長のボックスから，最後に，ある2つの数字が連鎖的に決まります．

Question 13

難易度 ☆☆☆
目標時間

Q11のヒント！

同形のボックス4個と接しているボックスに入りうる数字は？

ナンバーボックス

Question 14

難易度 ☆☆☆☆
目標時間

		3			4
			■		
		1			
				6	

Q12のヒント！

2×2のボックスに入る数字はすぐに決まります．

ジャンピングナンバー

ルール解説

このパズルは，4×4の正方形のマスに1から9までの数字を1個ずつ入れることが目的です．

ルールのポイント

① たての列に書いてある数の合計が正方形の下に書いてある数になるように入れる．よこの行に書いてある数の合計が正方形のよこに書いてある数になるように入れる．
② 数字を1→2→3→…の順に見ていく．1から2へ移るときは，
　　同じ行のマスか
　　同じ列のマスか
　　桂馬とびで移るマス

のいずれかにジャンプする．2から3，3から4，……も同じようにジャンプする．ただし，8回のジャンプのうち，ちょうど右上に書いてある回数だけ桂馬とびをしなければならない．

桂馬とびの位置については右図を参考にしてください．Aとaのマスが桂馬とびの位置です．Bとb，Cとcもそうです．

A	b		b
b	c	a	c
c	a	B	
b		C	

ジャンピングナンバー

では例題をやってみてください

例題

[1]

	4		6	10
			8	
				6
11		1		

[1]

A	4	B	6	10
		C		8
			D	6
			E	
11		1		

[1]となっているので桂馬とびが1回行われます。いろんな考え方がありますが、まずは5の位置について考えてみましょう。

たて、よこのジャンプだけで4から6まで進むには、5の位置はAまたはBのはずです。しかし上から1行目の合計はすでに10なのでこれ以上数字を記入できません。ここで桂馬とびが出てきます。桂馬とびを1回して4から6へいくには、5の位置はCしかありません。これで5が決まりました。次に7について考えます。6から8へ進むには7の位置はDまたはEです。しかし上から3行目の合計は6なので、7の位置はEと決まります。あとはたて列の合計に注目すれば、すべての数字が解答のように決まります。

Answer

[1]

	4		6	10
9	5		8	
2	3	1		6
			7	
11		1		

Question 1 難易度 ☆
目標時間

[0]

	2		
6			
		4	5
	8		8

Q13のヒント！

横の和の23からすぐに2個のマス目が決まります．

ジャンピングナンバー

Question 2

難易度 ☆
目標時間

[0]

1				1
	5			
			9	9
10		9		

Q14のヒント！

×が多いですが，意外と苦戦します．横の和13，たての和9に共通の数はあるでしょうか．

Question 3

難易度 ☆☆
目標時間

[0]

				7
				15
		5		**11**
5	**13**	**10**		

Q1のヒント！

数字が入らないところは×を書いていきましょう．

ジャンピングナンバー

Question 4

難易度 ☆☆
目標時間

[0]

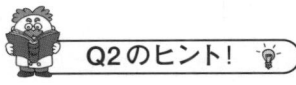

	1			3
				12
				13
5		15	5	

Q2のヒント！

たての和の9は○と○で作るしかありません．

Question 5

難易度 ☆☆
目標時間

[0]

	2			5
				9
				13
9		15	7	

Q3のヒント！

たての和をヒントにしていくと，各数字をどこに入れればよいかが決まります．

ジャンピングナンパー

Question 6

難易度 ☆☆☆
目標時間

[5]

				4
				4
				17
4			**14**	

Q4のヒント！

前と同じで，和が5をどうやって作るかです．

Question 7

難易度 ☆☆☆
目標時間

[3]

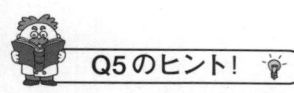

				5
				5
9				
	5	**3**		

Q5のヒント!

2から順に入れていきましょう.

ジャンピングナンバー

Question 8

難易度 ☆☆☆
目標時間

[0]

				9
	3			**12**
		7		**16**
1	**9**		**11**	

Q6のヒント！

1, 2, 3, 4がバタバタと決まり，あとは一本道です．

Question 9

難易度 ☆☆
目標時間

[3]

				10
	2	5		
		8		
				10
10	7			

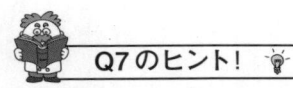

Q7のヒント！

前問と同じテーマです．

ジャンピングナンバー

Question 10

難易度 ☆☆
目標時間

[4]

	1		
3			12
	5		13
7			
	6	6	

Q8のヒント！

下段の和が8はどうやって作るでしょうか．

難易度 ☆☆☆
目標時間

Question 11

[8]

2			
8			
		10	

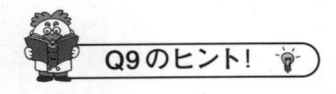

Q9のヒント！

この問題から，桂馬とびが入ってきます．

ジャンピングナンバー

Question 12

難易度 ☆☆☆☆
目標時間

[1]

				8
	4		6	
				10
12				

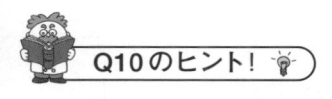

Q10のヒント！

初めの方でいっきに桂馬とびを使います.

難易度 ☆☆☆
目標時間

Question 13

[2]

		1		
				15
9		5		23

Q11のヒント！

全部のジャンプで桂馬とびを使う径路はいくつもありません．

ジャンピングナンバー

難易度 ☆☆☆☆☆
目標時間

Question 14

[3]

1			
	5			13
		9		9
	5		9	

Q12のヒント！

横の和の10は2個の数で作ったらよいでしょうか，3個の数で作ったらよいでしょうか．

数字のじゅうたん

～～～ **ルール解説** ～～～

白いマス目に数字を入れていくパズルです.

ルールのポイント

① よこの行を見て, 白いマスが1個であれば1が入り, 白いマスが2個であれば1, 2が1つずつ入り, 白いマスが3個あれば1〜3の数字がひとつずつ入る (左図のア, イ, ウ). 4個以上の場合も同じ.

② たての列でもよこの行の場合と同じように考える.

数字のじゅうたん

では例題をやってみてください

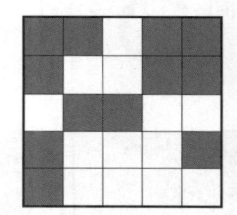

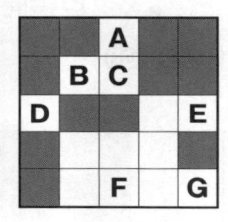

あたりまえのことですが，1つの行や列には同じ数は入らないということを頭に入れておいてください．まず上から1行目に注目するとAには1が入ることが分かります．2行目には1と2が入りますがAが1なのでCには2と決まりBが1です．次に左から1行目に注目するとDが1だと分かり，さらにE，Gもきまります．また他の数とは関係なくFには4が入ります．なぜなら，横やたての各行や列の空きマスの個数から4が入るのはFしかないからです．

このように数がどんどん入ってくると残りのマスに入る数も限られてくるので，終わりに近づくほど楽に解けると思います．さあ，問題に挑戦してみましょう．

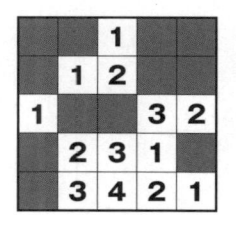

Question 1

難易度 ☆
目標時間

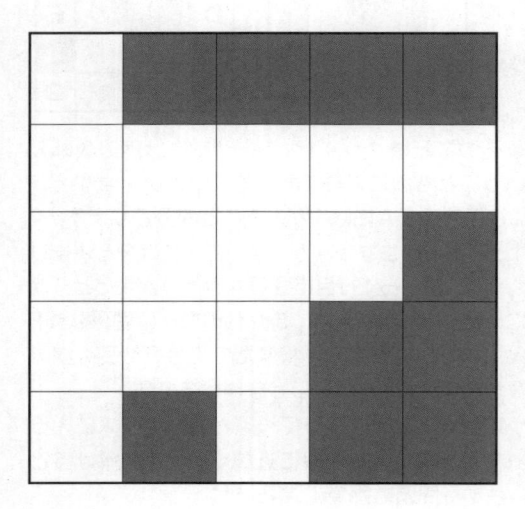

Q13のヒント！

左から5列目で最上行と最下行に順不同で1, 2が入ります．
とすれば，上から2列目は？

数字のじゅうたん

Question 2

難易度 ☆
目標時間

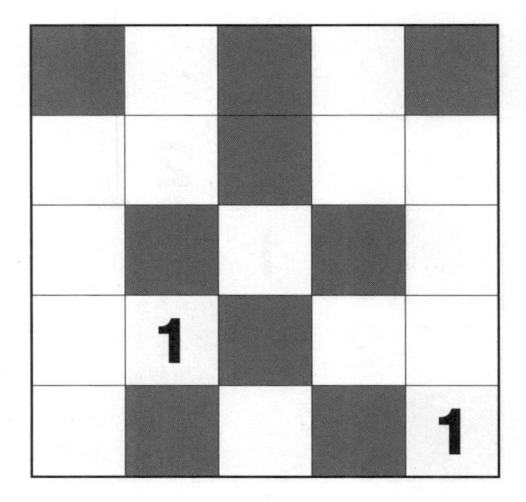

		1		
				1

Q14のヒント！

5が入れられるところはそんなにありません．

Question 3

難易度 ☆☆
目標時間

				1
			2	
		1		
	2			
				3

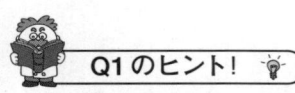

Q1のヒント！

特に迷うところはないでしょう．例えば上から2列目は一気に決まりますね．

数字のじゅうたん

Question 4

難易度 ☆☆
目標時間

	■		■	
		■	■	
	1		■	■
		2		■

Q2のヒント！

1と同じく易しいでしょう．

Question 5

難易度 ☆☆
目標時間

	■			1
		2		■
3		■		
■			3	
	2		■	

Q3のヒント！

どの列も4マスなので，少し難しくなります．
どの数字を使っているのか慎重に考えましょう．

数字のじゅうたん

Question 6

難易度 ☆☆
目標時間

			1	
				2
	3			

Q4のヒント！

見落とししなければ，すらすらと解けるでしょう．

Question 7

難易度 ☆☆☆
目標時間

5						
				1		
	3					
						2
			1			

Q5のヒント！

いままでと同じで，すんなりといくでしょう．

数字のじゅうたん

Question 8

難易度 ☆☆☆
目標時間

Q6のヒント！

難易度は少し上がりますが，注意して考えれば大丈夫でしょう．

Question 9

難易度 ☆☆☆
目標時間

				4		
		1				
3					2	
			1			
	4					5
				3		
		2				

Q7のヒント！

サイズが大きくなりました．当然ながら，3マスの列には4以上の数字は入りません．

数字のじゅうたん

Question 10

難易度 ☆☆☆
目標時間

Q8のヒント！

上から4列目は一気に決まることに注意.

Question 11

難易度 ☆☆☆
目標時間

				3		
			2			
						2
					1	

Q9のヒント！

数字が多いのでそんなに苦労はしないでしょう．

数字のじゅうたん

Question 12

難易度 ☆☆☆
目標時間

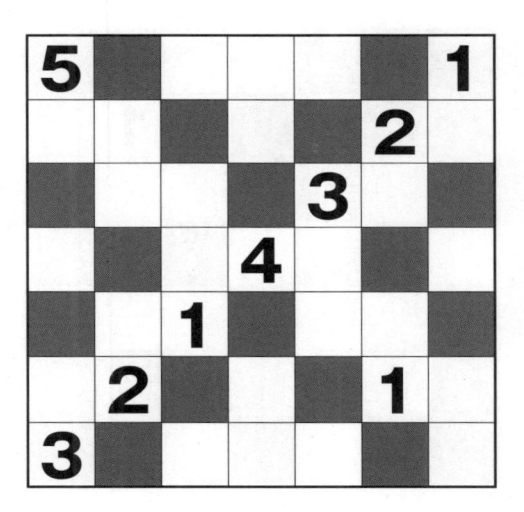

Q10のヒント！

線対称な形です．1と2を入れ替えたものと対称移動したものは等しいでしょうか．

Question 13

難易度 ☆☆☆☆☆
目標時間

					1	

Q11のヒント！

ひとつだけ出てくる6はどこにあるとよいでしょうか．

数字のじゅうたん

Question 14

難易度 ☆☆☆☆
目標時間

Q12のヒント！

数字が多いので次々と決まっていきます．

ルームメイトパズル

ルール解説

このパズルは，正方形をいくつかの部屋に分けるパズルです．ルームメイトとは，ひとつの部屋に何人かで住むとき，その友達のことです．

ルールのポイント

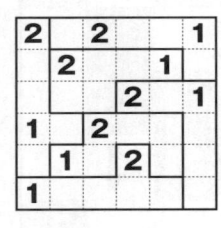

① 部屋は6マスからなる．つまり全部で6部屋に分ける．
② 一部屋には1が1人，2が1人で計2人入る．

Q1〜Q6は6×6のマス目，Q7〜Q10は7×7のマス目，Q11〜Q14は8×8のマス目の大きさです．7×7の場合には一部屋は7マスからなり全部で7部屋あります．8×8の場合には一部屋は8マスからなり全部で8部屋あります．数字が1から3まである問題では，どの部屋にも1，2，3が1個入るようにしてください．

ルームメイトパズル

では例題をやってみてください

1		1			
1			1		
	1	2			
					2
					1
	2				
2				2	2

A		B			
C			D		
		E	a	ア	b
			イ		F
			e		
c				d	f

説明のために、6個の1をそれぞれ大文字のA〜Fで、2をそれぞれ小文字のa〜fで表します。またカタカナで表されたマスは空白です。考え方の基本は、ある1がどの2とルームメイトになるかを推理することです。まずAの相手はaだと分かります。Aから空きマスをたどってaまで行くと5マスで，あと1マスはアまたはイですが，この時点ではどちらか決められません．いったん他の数に目を向けます．Bとb，Fとfが同じ部屋になるので，アのマスにのびるとすると，Dとdを同じ部屋に入れようとするとFのある部屋は6マスよりせまくなってしまいます．よってaからイのマスにのびることがわかります．さらにCとc，Eとeがルームメイトだとわかり，すべての部屋の形が解答のように決まります．応用的な考え方としては，ある空きマスがどの1と2をふくむかを推理することもあります．

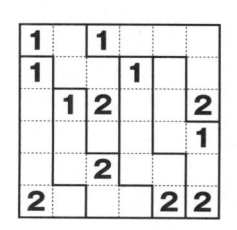

Answer

1		1			
1			1		
	1	2			
					2
					1
	2				
2				2	2

53

Question 1

難易度 ☆
目標時間

					2
	1	1		1	
	1	1			
1	2	2	2	2	2

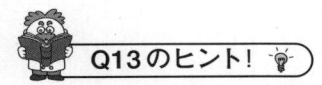

Q13のヒント！

どの数字どうしが同じ部屋に入るのか考えます．右下から決めていきましょう．

ルームメイトパズル

Question 2

難易度 ☆☆
目標時間

1					
				2	2
				2	1
			1	1	
	2	1	2		2
			1		

Q14のヒント！

左下の4つ並んだ1から解き始めましょう．

Question 3

難易度 ☆☆
目標時間

1			2		2
	1			2	
1		2			
			2		1
		2		1	
					1

Q1のヒント！

左上の1がどの2とつながるかが決まれば，あとは気持ちよく決まります．

Question 4

難易度 ☆
目標時間

1		1	3		3
1		2	2	1	
				3	
	3	1		2	2
	3				2
2		3	1		

Q2のヒント！

中盤は，2段目の左端のマスがどこからのびるか考えるとよいでしょう．

Question 5

難易度 ☆☆
目標時間

1			3		3
	1		1		3
3		2		2	
	3				2
1		1	2	1	
	2		3		2

Q3のヒント！

左下のマスがどの数字からのびるのかに注意.

Question 6

難易度 ☆☆
目標時間

1	2				1
			3		1
	2	2	3		1
3		1	1	3	
3		3			
2				2	2

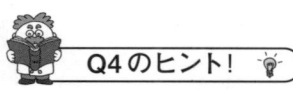

Q4のヒント！

どの数字どうしがつながるかに注意しましょう．6マス以上離れているマスとはつながりません．

Question 7

難易度 ☆☆☆
目標時間

1	2	3	1	2	3	3
				2	3	
3					1	2
		3				1
	1					3
	2					2
2				1		1

Q5のヒント！

左上の1と同じ部屋に入れる2は1つしかありません．

ルームメイトパズル

難易度 ☆☆
目標時間

Question 8

1	2	3		1		
2	1	3				
2	3	1			2	
					3	
	3	3			2	
			1	3		
	1		1	2		2

Q6のヒント！

右上の，1が固まっているところから気持ちよく解けていきます．

61

Question 9

難易度 ☆☆☆
目標時間

1		1	1	2
	1		3	
		2	3	
3	1		2	3
	2		2	
	3		2	3
1	3		1	2

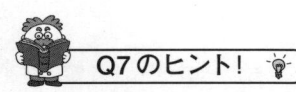

Q7のヒント！ 💡

最下段の2つの1がどの2, 3とつながるか考えてください．

ルームメイトパズル

Question 10

難易度 ☆☆☆
目標時間

1	1		3		1
		2			2
1	1		2		3
	3	1		3	
3	3				2
		2		2	
1		3	2		

Q8のヒント！

左上の，数字が密集している部分から解けていきます．
7番よりもやりやすいでしょう．

Question 11

難易度 ☆☆☆
目標時間

1	1	2			3	2	1
						2	1
2		1	3			3	
1		2					
3				1	3	2	
			2				
		1	3		2	3	3

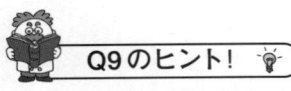

Q9のヒント！

左上の1から解き始めましょう．「どの数字とつながるか」に注意．

Question 12

難易度 ☆☆☆☆
目標時間

1			2				
	1			1			
		3			2		
2	2		3			3	
3	1			2			3
	2	2				3	
		3	3				1
1				1	2		1

Q10のヒント！

左上の1の同居人はすぐに決まります．

Question 13

難易度 ☆☆☆☆
目標時間

3	2					1	3
2	1					1	2
	2			2			1
			3	3			
			3	3			
1	2						
2						1	1
3	2					1	3

Q11のヒント！

右下に並んだ3が大きな手がかりとなります．

66

ルームメイトパズル

Question 14

難易度 ☆☆☆☆
目標時間

	2	3	1	1	3	2	
	3					1	
	2		3	2		1	
	3		2	3		3	
	1					3	
	1	1	1	2	2	2	

Q12のヒント！

右上に大きな空白がありますが，ここをどう処理するか考えてみましょう．

むすんでループ

ルール解説

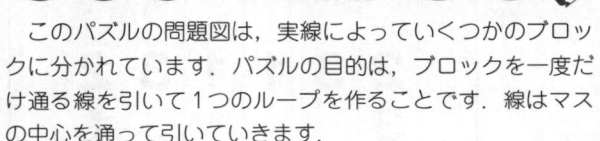

このパズルの問題図は，実線によっていくつかのブロックに分かれています．パズルの目的は，ブロックを一度だけ通る線を引いて1つのループを作ることです．線はマスの中心を通って引いていきます．

ルールのポイント

① ループは，すべてのブロックを一度だけ通る．
② ブロックの中には，●が1つなければならない．
③ 線は●で折れ曲がる．●以外では曲がれない．

むすんでループ

では例題をやってみてください

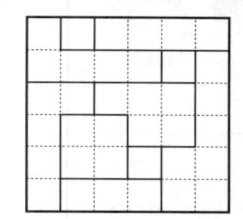

							A				D
---	---	---	---	---	---			B		C	
										E	
							ア			F	

　まずAに注目します．Aは1マスだけのブロックですからここに丸印が入ります．このマスからたて方向と横方向に線が伸びますが，上には行けないのでたて方向の線はBに伸びることが分かります．Bのブロック内ではこれ以上まっすぐ進めないのでここで曲がります．しかも左に進むと他のブロックとつながることができないので右に曲がりCとつながります．またAから横方向に伸びる線は左に行けないので右に進みDまで伸びます．再びCにもどって考えて見ましょう．Cから上には行けないのでEまたはFまで進みます．どちらにしても，その次は左に曲がります．ここで少し見方を変えて考えます．この線はこれから先，残りのブロックをすべて通りDにつながらなければなりません，Fまで進んで左に曲がると，アのブロックを通りDにつながることができなくなります．ですからEで左に曲がることがわかります．このようにどのような順序でブロックを回るかを考えることも，うまく解くためのコツです．ループを作るには，どのブロックも入口用と出口用の2つのブロックに接していることが必要です．

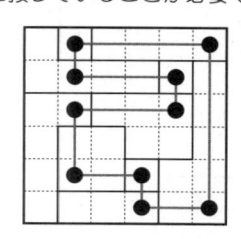

Answer

Question 1

難易度 ☆
目標時間

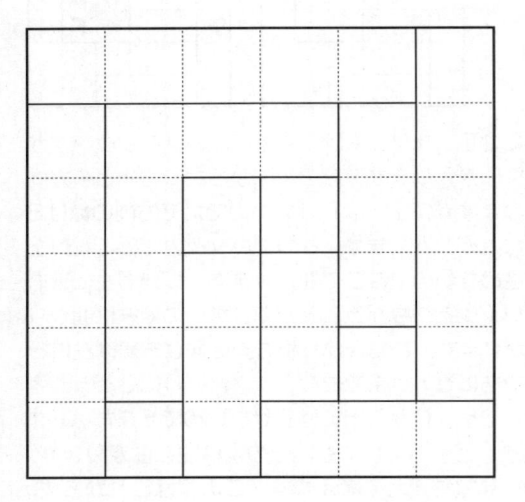

Q13のヒント！

右上の2つの1個マス，左下の2つの2×1が手がかりです．

むすんでループ

Question 2

難易度 ☆☆
目標時間

Q14のヒント！

右から4列目には●がありません．

Question 3

難易度 ☆☆☆
目標時間

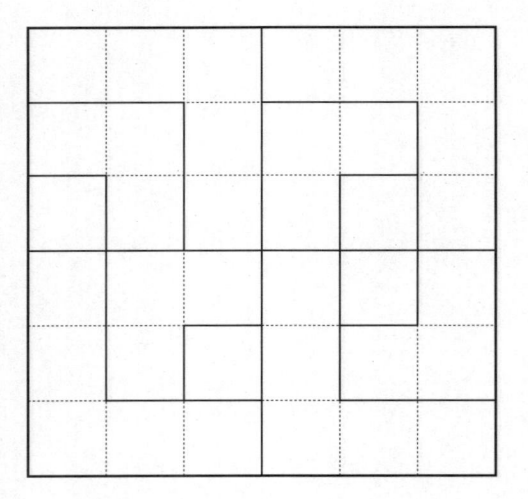

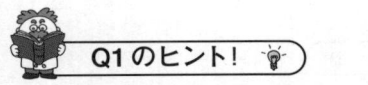

Q1のヒント！

ループは全部のマスを通ります．

むすんでループ

Question 4

難易度 ☆☆☆
目標時間

Q2のヒント！

各ブロックへの出入りは1回だけ，ということに注意．

難易度 ☆☆☆
目標時間

Question 5

Q3のヒント！

下から2段目の1マスのブロックでどう曲がるか考えてみましょう．

むすんでループ

Question 6

難易度 ☆☆
目標時間

Q4のヒント！

大きく回っていきましょう．

Question 7

難易度 ☆☆☆
目標時間

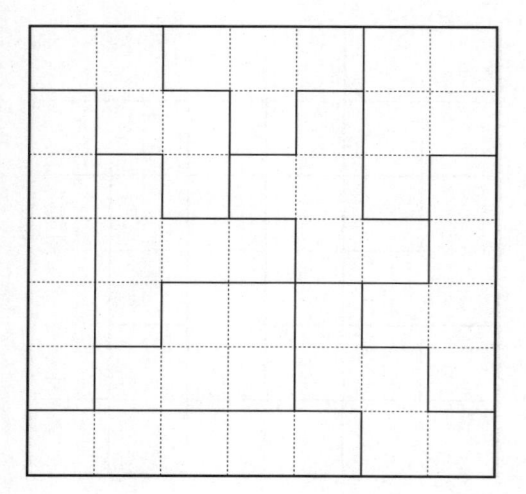

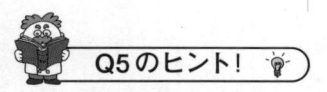

Q5のヒント！

左下から解き始めていきましょう.

むすんでループ

Question 8

難易度 ☆☆
目標時間

Q6のヒント！

3つの1個マスが連なっているところが手がかりになります．

Question 9

難易度 ☆☆
目標時間

Q7のヒント！

右下から解き始めていきましょう．

むすんでループ

Question 10

難易度 ☆☆☆☆
目標時間

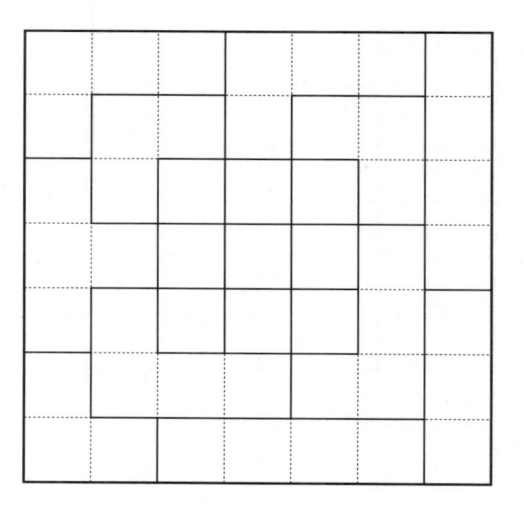

Q8のヒント！

答えが求まるということは，左上の1つのブロックから降りていく線は……．

Question 11

難易度 ☆☆☆
目標時間

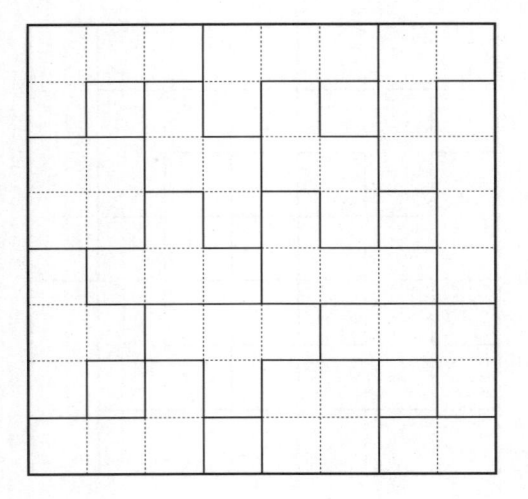

Q9のヒント！

今までの2周と同様に解きやすいことと思います．

むすんでループ

Question 12

難易度 ☆☆☆☆
目標時間

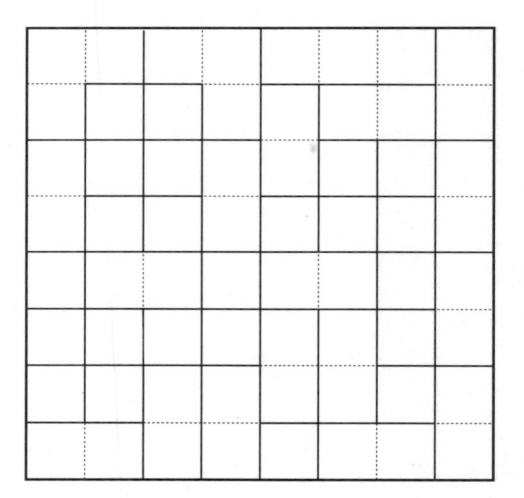

Q10のヒント！

真ん中の9個あるブロックの左下はどうつながるのでしょうか？

Question 13

難易度 ☆☆☆☆☆
目標時間

Q11のヒント！

基本的にはいままでと同じです．

むすんでループ

Question 14

難易度 ☆☆☆☆☆
目標時間

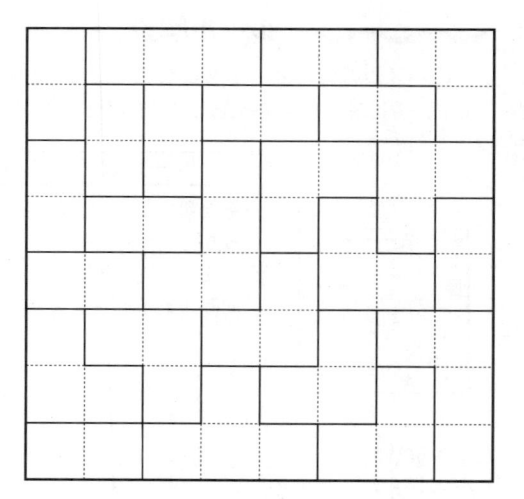

Q12のヒント！

左下にある6つの1個ブロックが決めやすいでしょう．

スタークルーズパズル

ルール解説

このパズルの目的は、星と星を結んで1つの輪を作ることです。線はマスの中心を通って引いていきます。

ルールのポイント

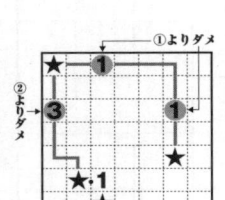

① 星と星の間では1回だけ数字を通らなければならない。
② 数字は、それがある星と星の間で何回折れ曲がるかを表している。

なお星や数字のマスで線が途切れていますが、つながっているとかんがえてください。また星と数字がとなり合っているとき、●印でつながっていることを表します。

スタークルーズパズル

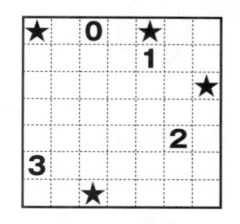

問題の考え方は，ある数字がどの星とどの星の間あるのか見当をつけることです．普通数字が小さいほど線の引き方は限られています．例題の0と1については，1通りの引き方しかありません．2については，それだけ見ると2通りありますが，1の線を引いたあとでは1通りに決まります．その他に知っておくと便利なことがありますので説明します．偶数を通過した線は，両端とも横方向あるいは両端ともたて方向に星とつながります．奇数を通過した線は，一方の端が横方向にもう一方がたて方向に星とつながります．

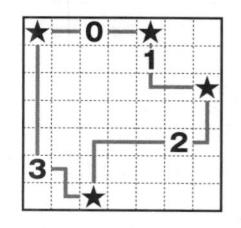

問題7はカシオペヤ座と北極星，問題8はオリオン座がテーマになっています．問題8だけ星の数は7個です．

Question 1

難易度 ☆
目標時間

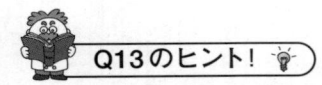

	★				
			2		
	2				★
★				2	
2					
			★		

Q13のヒント！

ぐるっと回る道を見落とさないように，1つ1つ慎重にチェックしていきましょう．

スタークルーズパズル

Question 2

難易度 ☆
目標時間

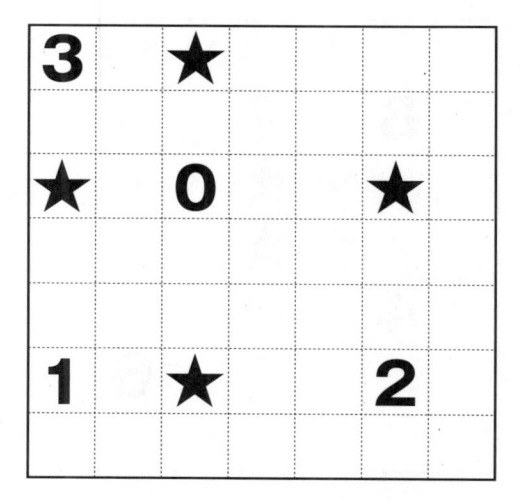

3	★			
★	0		★	
1	★		2	

Q14のヒント！

外周にある3で大きく囲みます．

Question 3

難易度 ☆☆
目標時間

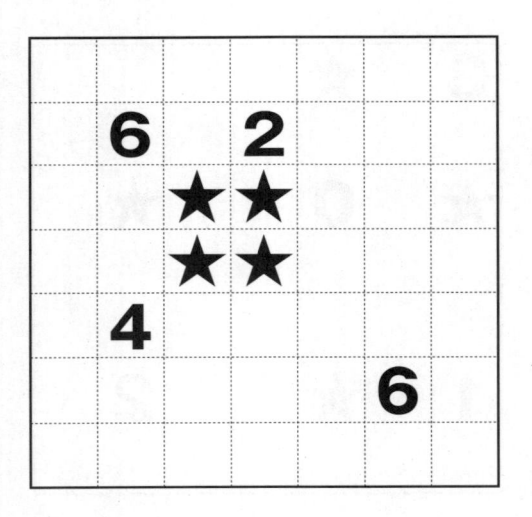

Q1のヒント！

つながる順番は感覚的にわかるでしょう．線は左下から決めていきます．

スタークルーズパズル

Question 4

難易度 ☆☆
目標時間

5					**10**
	4				
			★		
			★		**2**
			★		
			★		

Q2のヒント！

0を通る線は2通り考えられますが，どちらなのかをまず決めましょう．

Question 5

難易度 ☆☆
目標時間

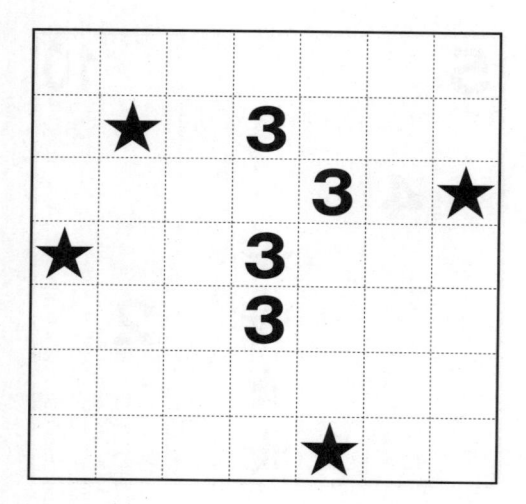

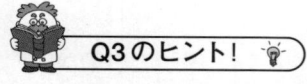

	★		**3**			
				3		★
★			**3**			
			3			
				★		

Q3のヒント！ 💡

左上の6は一見不可能に見えるかもしれませんが….

スタークルーズパズル

Question 6

難易度 ☆☆☆
目標時間

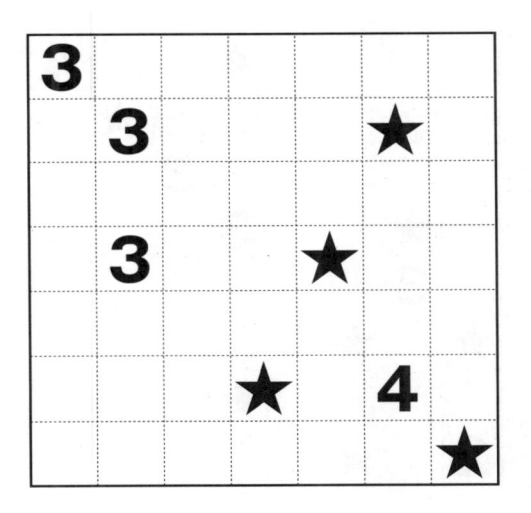

3					
	3				★
	3			★	
			★		4
					★

Q4のヒント！

2はすぐに決まります．5はどことどこの☆の間でしょうか．

Question 7

難易度 ☆☆☆
目標時間

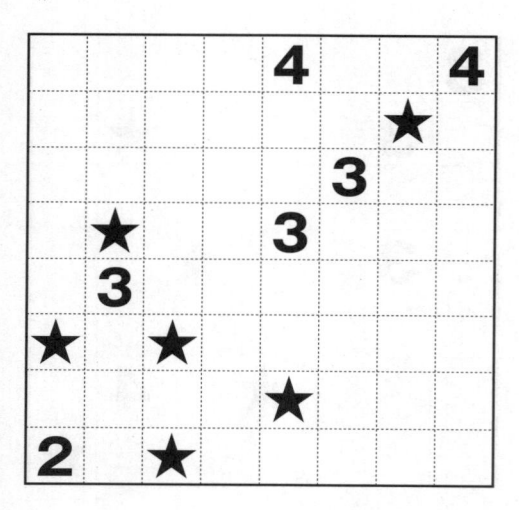

			4			4
					★	
				3		
			3			
	★					
	3					
★		★				
				★		
2		★				

Q5のヒント！

特に目新しいところはないでしょう．

スタークルーズパズル

Question 8

難易度 ☆☆☆
目標時間

Q6のヒント！

左上の3からできるだけ線をのばしたあとは、どの順番でつながるかを決めましょう．

Question 9

難易度 ☆☆☆
目標時間

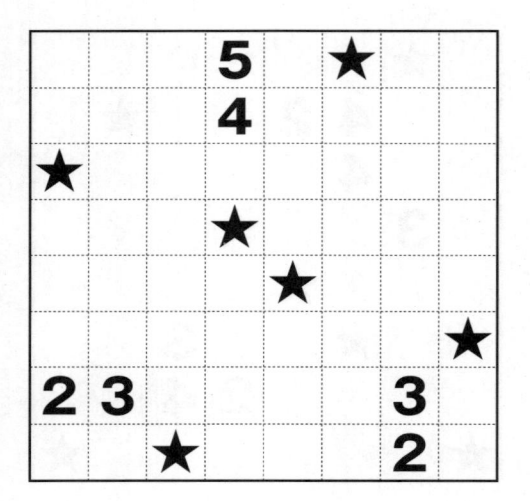

			5		★	
			4			
★						
			★			
				★		
						★
2	3				3	
		★			2	

Q7のヒント！

サイズが大きくなりました．どことどこがつながるのか，慎重に考えていきましょう．

スタークルーズパズル

Question 10

難易度 ☆☆☆☆
目標時間

2		★			★	
				2		
	★		1			★
		2				
	★		★			3
						3

Q8のヒント！

数字が密集している部分は，すんなり決まってくれます．

Question 11

難易度 ☆☆☆
目標時間

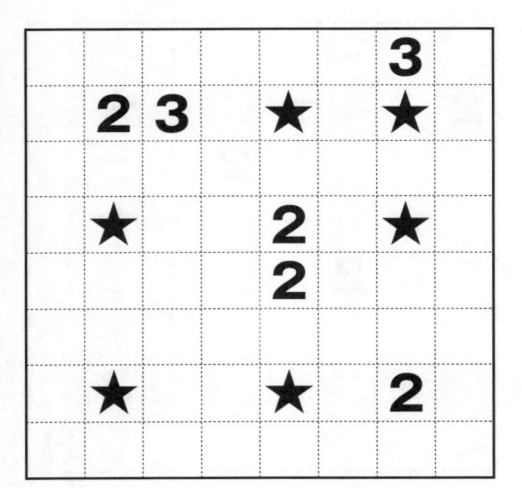

					3
	2	3		★	★
	★			2	★
				2	
	★			★	2

Q9のヒント！

これも，数字が密集している部分が決まりやすい．下から上の方へ．

スタークルーズパズル

Question 12

難易度 ☆☆☆☆
目標時間

	6		★			4		★
		8			6			
★								★
				7				
★				★				5

Q10のヒント！

1を通る線が，1通りに決まってくれます．

Question 13

難易度 ☆☆☆☆☆
目標時間

★					
	2			2	
			★		
		★	2		
	2		2		★
		★			
	★		2		

Q11のヒント！

左上に並んだ2, 3が決めやすいでしょう.

スタークルーズパズル

Question 14

難易度 ☆☆☆☆☆
目標時間

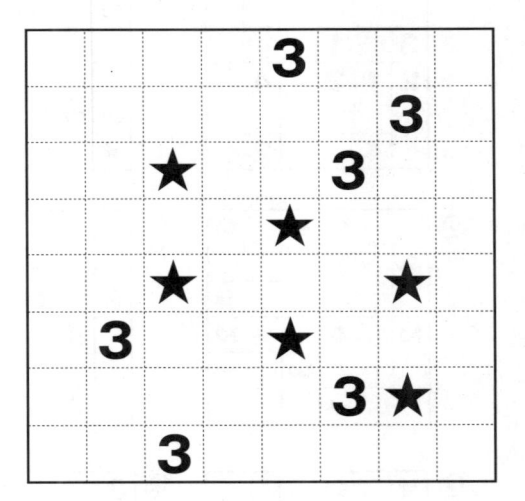

			3			
						3
		★			3	
				★		
		★				★
3				★		
					3	★
		3				

Q12のヒント！

左上の6, 8でひと工夫必要です．

ナンバーボックス解答

Q1

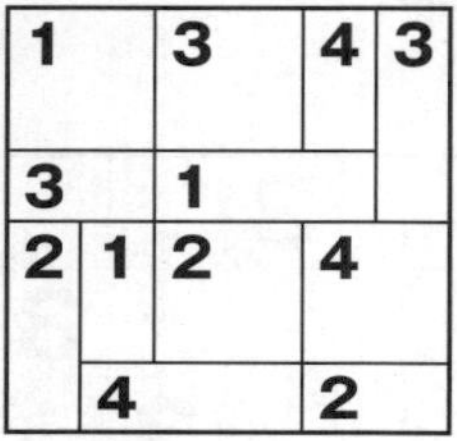

Q2

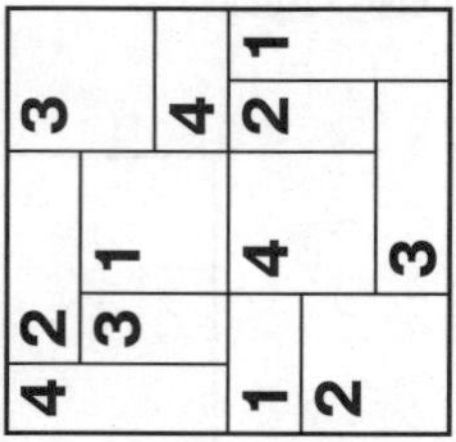

Q3

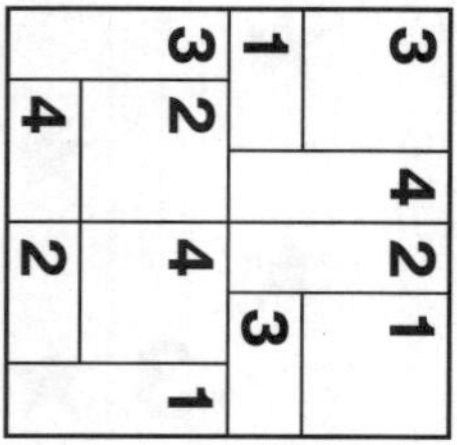

Q4

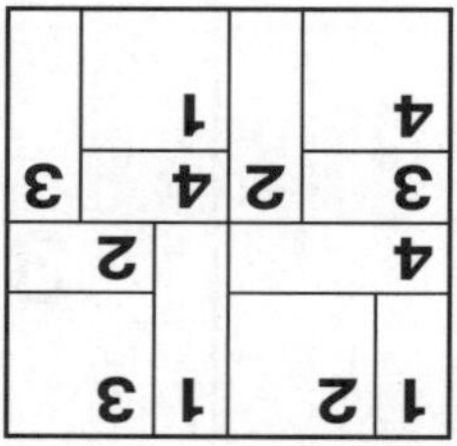

Q5

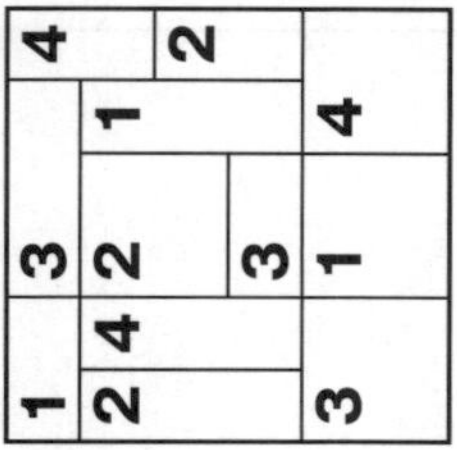

Q6

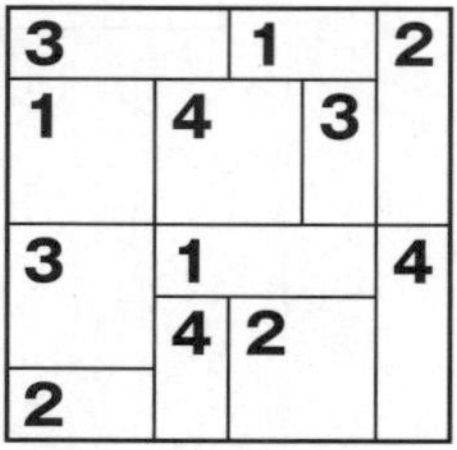

Q7

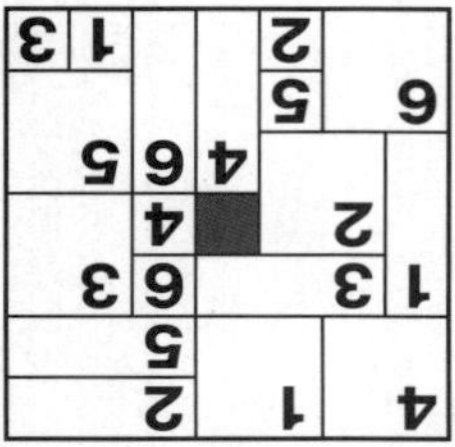

Q8

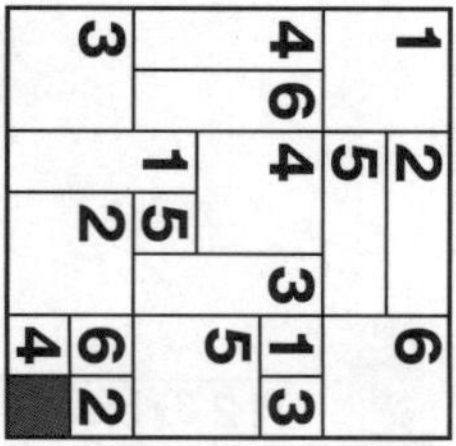

各クイズの解答

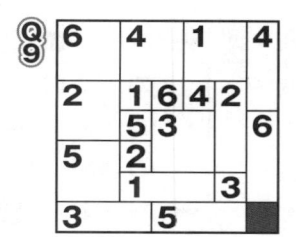

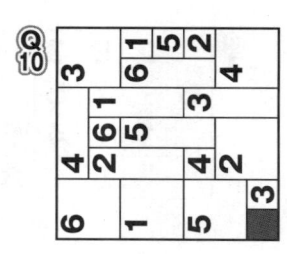

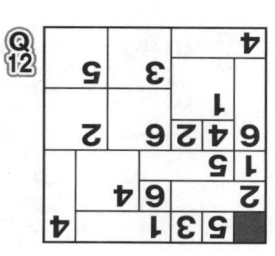

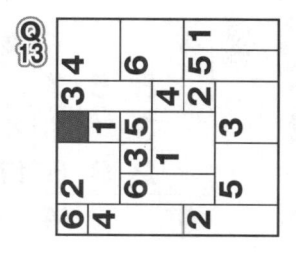

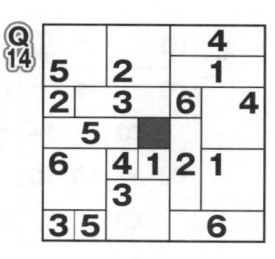

ジャンピングナンバー解答

Q1

	2	9	3	
6		7	5	
	1		4	5
		8		8

Q2

1			6	
	8		6	
	6	3		6
	5	4		
1	7	2		10

Q3

5	2			3
13		6	7	
10		5		4
	1		8	
		9	11 15	7

Q4

5	15			5
13		7	6	
12	3		5	4
		8	9	
3	2			1

Q5

5		6		13
3		4		7
	8		7	15
2	1	5	6	
		6		9

Q6

4				4
	8	5	7	
	3		1	4
	2	9	6	17
4			14	

Q7

		5	3	
6				6
		5		8
		7		
5	2	3		
5		1		4

Q8

1		1			4
9		2	7		4
	8		9		
11		7	6		
			16	12	9
				5	

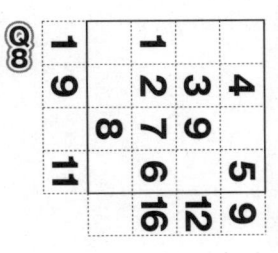

各クイズの解答

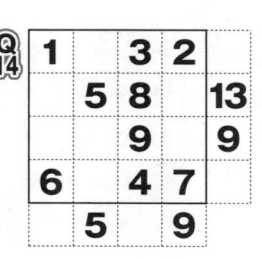

Q9

	1	9		10
3	2	5		
7		8		
		4	6	10
10	7			

Q10

		12	13	
4		2		6
1		5		6
	3	6	7	
	9		8	

Q11

	8		2	
	1	4	9	6
		7		3
				5
10				

Q12

				12
	8			9
10	5	3		2
	6	4		
8	7			1

Q13

	15	23		
	7	6	9	
1		5	5	
4		3		
2	8	9		

Q14

1		3	2	
	5	8		13
		9		9
6		4	7	
	5		9	

数字のじゅうたん解答

Q1
1				
5	3	4	2	1
4	2	3	1	
3	1	2		
2		1		

Q2
	4	3	2	1
1	2		3	
		1		2
2	3		1	
	1	2	4	3

Q3
	1	4	3	2
4	2		1	3
2	3	1	4	
1		3	2	4
3	4	2		1

Q4
5	4	1	3	2
4	3	2	1	
2	1	3		
3	2			1
1		2		

Q5
1		4	2	3
4	1	2	3	
3	2		1	4
	3	1	4	2
2	4	3		1

Q6
	2	3	1	
1		2	4	3
2	4	5	3	1
3	1	4		2
	3	1	2	

Q7
1				2		
2	3	5	4	1		
	4	2	1	3		
5	1	2	4	3		
		1	3	4		
4	1		5	2	3	
1		2		3		

Q8
3	1	2				
				3	2	1
2	5	4	6	1	3	
1	4	3	5	2		
	2	5	3	4		
2			4	3	1	
		1				

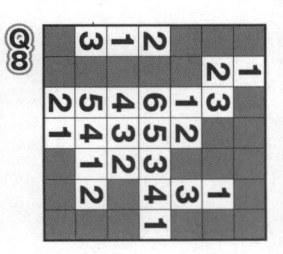

各クイズの解答

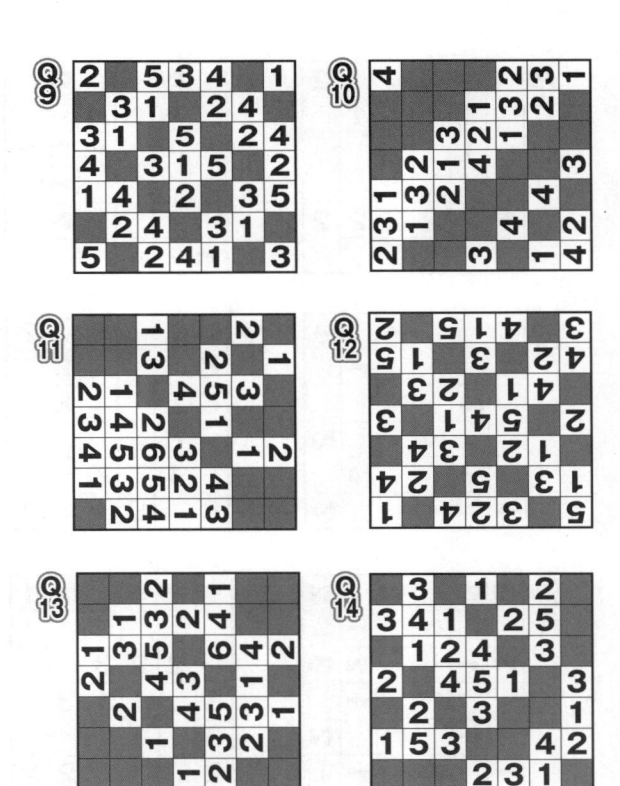

105

ルームメイトパズル解答

各クイズの解答

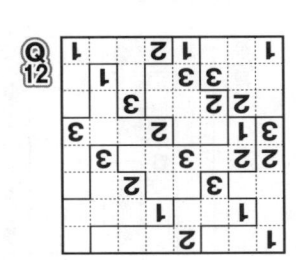

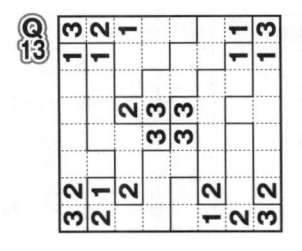

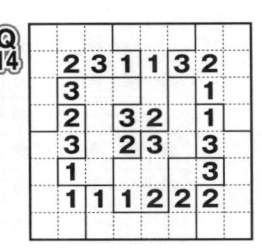

むすんでループ解答

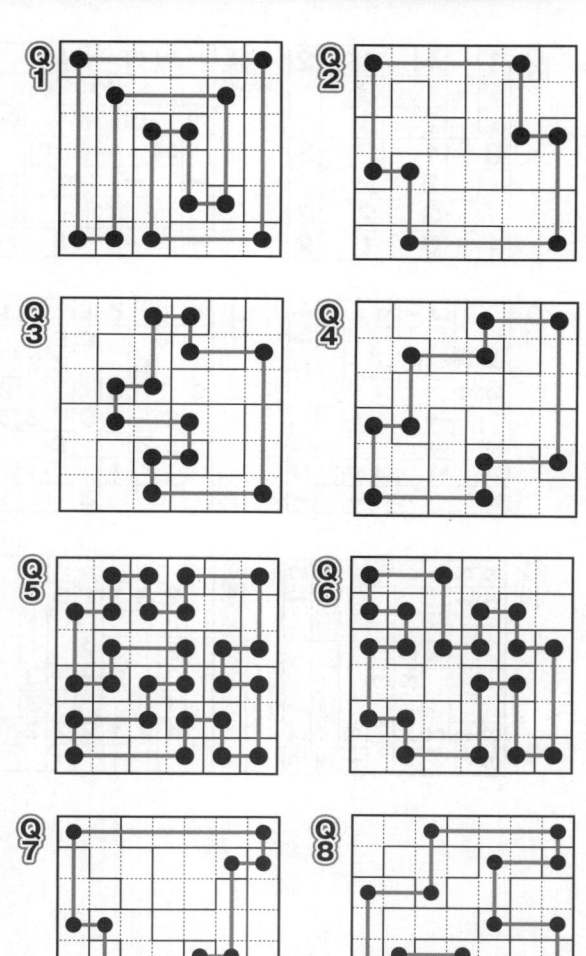

Q1

Q2

Q3

Q4

Q5

Q6

Q7

Q8

各クイズの解答

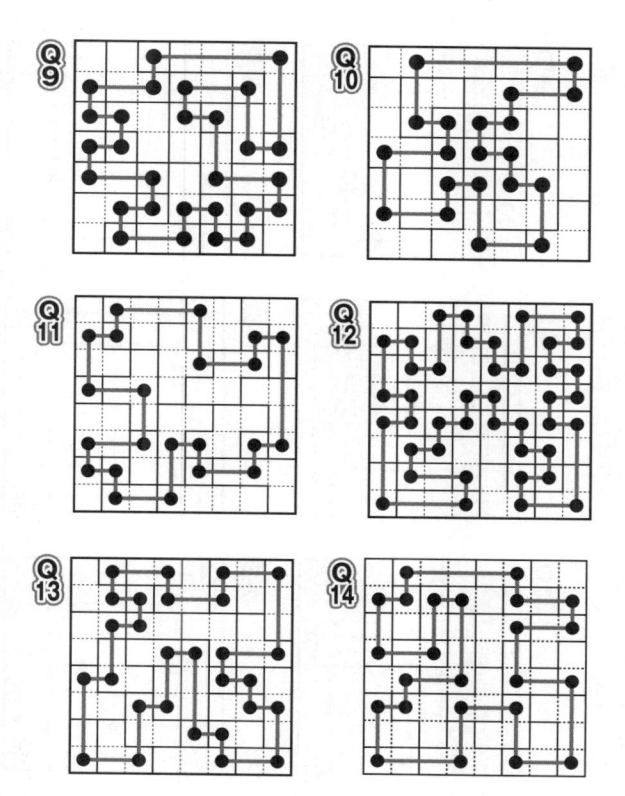

スタークルーズパズル

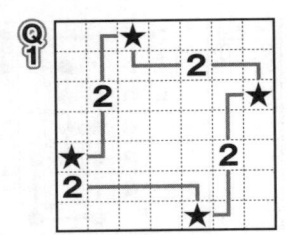

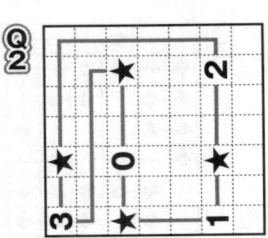

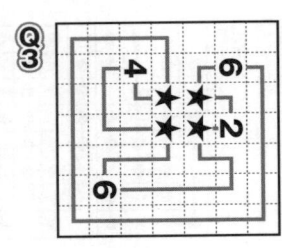

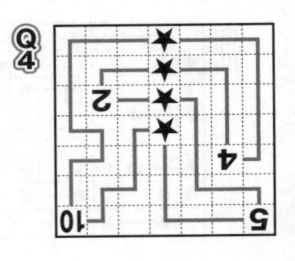

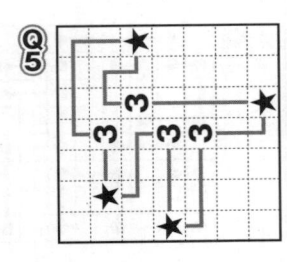

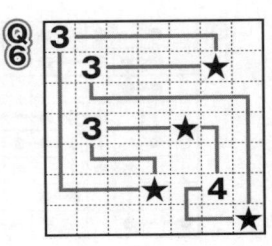

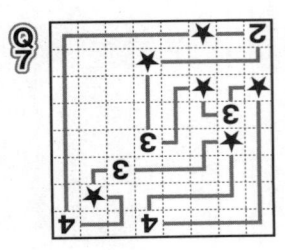

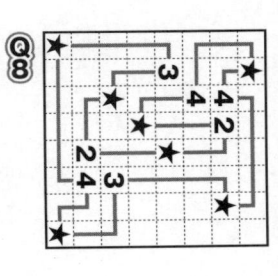

各クイズの解答

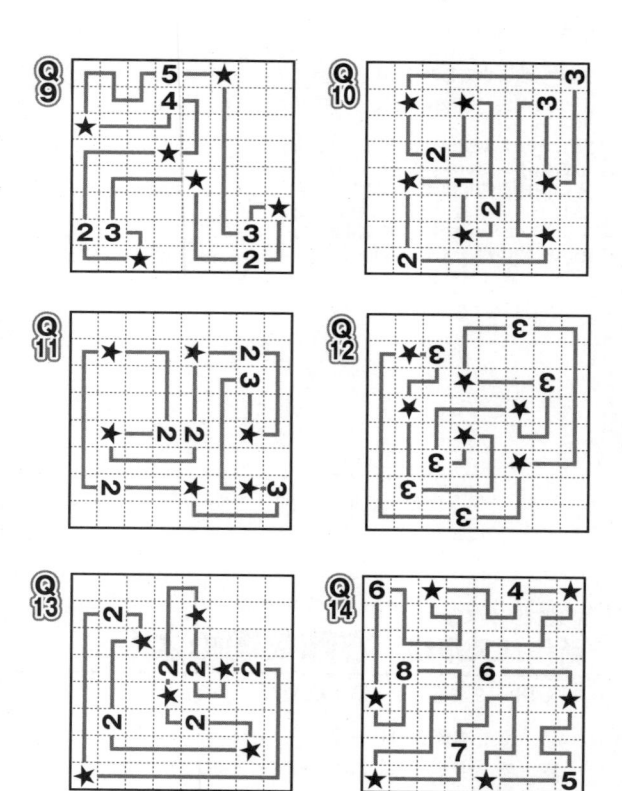

【著者紹介】

山本　浩（やまもとひろし）
石川県在住。算数探検家、パズルデザイナー。
新しいパズルを創り出すことに日々心血を注いでいる。常識にとらわれない問題を創り出すのみでなく、常識にとらわれない生き方をしている。「中学への算数」（東京出版）奇数月号で創作パズルを連載中。

知遊ブックス③
新作パズル集　方陣を埋めよ！

平成18年9月30日　第1刷発行

定　価：本体600円＋税
著　者：山本　浩
発行者：黒木正憲
ＤＴＰ：レディバード
印刷所：光陽メディア
発行所：東京出版
　　　　〒150-0012　東京都渋谷区広尾3-12-7
　　　　（電話）03-3407-3387
　　　　（振替）00160-7-5286
　　　　http://www.tokyo-s.jp/

ISBN4-88742-130-3　©Hiroshi Yamamoto　2006 Printed in Japan
乱丁・落丁本はお取り替えいたします。